UN FOCO EN LA NATURALEZA

EL DRAGÓN DE KOMODO

PAMELA DELL

CREATIVE EDUCATION · CREATIVE PAPERBACKS

Publicado por Creative Education y Creative Paperbacks
P.O. Box 227, Mankato, Minnesota 56002
Creative Education y Creative Paperbacks
son sellos de The Creative Company
www.thecreativecompany.us

Diseño y producción de Blue Design, Inc.
Dirección artística de Wyeth Morgan
Editado por Grace Beltowski

Fotografías de Dreamstime/Liliya Butenko, 8, 10, 14, 16, 20, 22, Md Saidur Rahman, 3, 6, 29, Pebat, 11, Sergey Uryadnikov, 10, Steve Wilson, 21, Zune Shing Lim, 21; Getty Images/FEBRERO, 28, Fox Photos, 27, Jakob Polacsek, 23, Maria Swärd, 4, Marko Konig, 15, Michael Dunning, 14, 18, Michele Westmorland, 12, Suryani Edy / 500px, 29, Tony Shi Photography, 17, Viv Vivekananda / 500px, 6; iStock/9; Shutterstock/kkaplin, 16; Unsplash/Dennis Schmidt, portada, 1, Guillaume Marques, 24; Wikimedia Commons/Christoph Moning, 29, Mats Stafseng Einarsen, 29

Se ha hecho todo lo posible por contactar con los titulares de los derechos de autor del material reproducido en este libro. Cualquier omisión será rectificada en impresiones posteriores si se notifica al editor.

Copyright © 2026 Creative Education, Creative Paperbacks
Derechos de autor internacionales reservados en todos los países.
Ninguna parte de este libro puede ser reproducida de ninguna forma sin permiso escrito del editor.

Library of Congress Cataloging-in-Publication Data
LCCN: 2024053915
Library binding ISBN: 9798889899235
Paperback ISBN: 9781682779637
eBook ISBN: 9798895810026

Impreso en India

CONTENIDO

CONOCE A LA FAMILIA   4
Dragones de Komodo de Indonesia

LA VIDA COMIENZA   7
FAMILIA DESTACADA
Bienvenido al mundo   8
Primera comida   10

PRIMERAS AVENTURAS   13
FAMILIA DESTACADA
Salir de los árboles   14
Pruébalo   16

LECCIONES DE LA VIDA   19
FAMILIA DESTACADA
Así se hace   20
La práctica hace al maestro   22

EL REGRESO DE KOMODO   25

Instantáneas   28
Palabras para saber   30
Visita   32
Índice   32

CONOCE A LA FAMILIA

DRAGONES DE KOMODO

de Indonesia

Un raro tesoro existe en un puñado de islas volcánicas del Sudeste Asiático. Se trata de Flores, Komodo, Rinca, Gili Montang y Gili Desami. Las cuatro últimas forman parte del Parque Nacional de Komodo, en Indonesia. Pero ese no es su reclamo para la fama. El hábitat de la isla es un mundo de bosques tropicales, colinas escarpadas y praderas secas y abiertas. Grandes mamíferos, como jabalíes, búfalos de agua y ciervos de Timor, recorren las islas. También viven aquí muchas **especies** de aves y serpientes, incluida la mortal cobra. Pero la fauna más notable es el dragón de Komodo. Estos enormes reptiles, que no se encuentran en ningún otro lugar de la Tierra en estado salvaje, son lo que hace únicas a las islas.

Es finales de agosto y una hembra de dragón de Komodo está cavando varios agujeros profundos en el suelo. En uno de ellos pone unos 30 huevos. Después de casi nueve meses, en abril o mayo, sus crías están listas para nacer.

DE CERCA
Visión

El dragón de Komodo tiene una vista extremadamente aguda durante el día. Puede ver a una distancia equivalente a la longitud de tres campos de fútbol o 300 metros (980 pies), pero le cuesta identificar objetos que no se mueven. Los científicos también creen que los dragones tienen mala visión nocturna.

CAPÍTULO UNO
LA VIDA COMIENZA

Los reptiles ocupan un lugar importante en el mundo. Incluyen más de 11.000 especies diferentes. Pero el dragón de Komodo manda. Pertenece a un grupo de unas 50 especies venenosas conocidas como lagartos monitor. Y de todos los reptiles del mundo, ninguno es más grande ni más pesado que el dragón de Komodo.

Los machos adultos suelen medir unos 2,4 m (8 pies) de largo. Llegan a pesar 90,7 kilogramos (200 libras). Los científicos han llegado a medir algunos de hasta 3 m (10 pies) de largo y 136 kg (300 libras) de peso. Las hembras suelen ser algo más pequeñas que los machos.

Cuando llega la mañana, el dragón de Komodo sale de su cueva, listo para tomar el sol. Su hábitat insular se encuentra a sólo unos cientos de kilómetros al sur del Ecuador, por lo que hace calor. Esto es bueno. Como todos los reptiles, los dragones son **ectotérmicos**. Necesitan fuentes externas de calor para calentar sus cuerpos y mantenerse con

HITOS DEL DRAGÓN DE KOMODO

DÍA 1

- Nace de un huevo
- Se retira inmediatamente a los árboles
- Peso: 100 gramos (3,5 onzas)
- Longitud: 38,1 centímetros (15 pulgadas)
- Color brillante con manchas y rayas amarillas, verdes o rojizas en un cuerpo oscuro

vida. Así que los baños de sol son una necesidad diaria. Después de tomar el sol, se llenan de energía. Si tienen suficiente hambre, pueden salir a cazar.

Los dragones de Komodo son feroces y temibles **depredadores ápice**. Excepto durante la época de apareamiento, no les gusta la compañía. Son **carnívoros**. Cazan en solitario, escondiéndose en las hierbas altas para **emboscar** a sus presas desprevenidas. Cazan animales incluso más grandes que ellos, como búfalos de agua, jabalíes y ciervos. Pero los dragones comen carne en casi todas sus formas. Esto incluye carroña, o cadáveres de animales, y peces que llegan a la orilla. Aunque es raro, a veces atacan e incluso matan a seres humanos. Los dragones también son caníbales. No tienen ningún problema en comerse unos a otros, especialmente a sus propias crías.

PRIMER PLANO
Orejas

Los dragones de Komodo no tienen orejas visibles. Oyen a través de los agujeros que tienen a los lados de la cabeza. El sentido del oído del dragón no es muy agudo, pero sus orejas son importantes para ayudar al animal a mantener el equilibrio.

FAMILIA ─── DESTACADA

Bienvenido al mundo

Las crías de dragón de Komodo tienen mucho trabajo por delante. Comienzan su vida dentro de un caparazón duro y correoso del tamaño de un pomelo. Escapar es difícil y agotador. Una pequeña perilla córnea en su hocico, llamada diente de huevo, ayuda a la cría a liberarse. Después necesita un largo descanso antes de salir del nido. Las crías son sorprendentemente pequeñas, pero están completamente desarrolladas. Sólo su piel es diferente a la de un adulto. Las crías tienen el cuerpo oscuro con rayas y manchas de colores brillantes. Estos colores suelen ser amarillos, verdes o, a veces, rojizos.

Las madres dragón suelen poner sus huevos a finales de agosto o septiembre. Durante los primeros meses, la hembra vigila el nido. Pero en diciembre ya no está. Cuatro o cinco meses después, los huevos eclosionan. Las crías salen durante la estación húmeda, por lo que es fácil encontrar comida. Pero su madre los ha abandonado mucho antes. No tienen a nadie que les enseñe el camino. Estas pequeñas criaturas **instintivamente** se dirigen a los árboles poco después de salir del cascarón. Ahora les toca a ellos averiguar cómo mantenerse con vida.

9 MESES

- Ha crecido hasta pesar 0,9 kg (2 libras) y medir 45,7 cm (18 pulgadas)
- Sigue viviendo principalmente en los árboles
- Los hermanos permanecen juntos
- Se alimenta principalmente de insectos y pequeños lagartos como las salamanquesas

PRIMER PLANO
Cráneo y mandíbula

El cráneo del dragón de Komodo, único y ligero, difiere del de otros grandes depredadores. Debido a la forma aplanada del cráneo, de lado a lado, la mordedura del dragón es más débil, pero sigue siendo enérgica. Sus mandíbulas siguen siendo excelentes para desgarrar carne y derribar presas más grandes que él.

FAMILIA  DESTACADA

Primera comida

Los dragones de Komodo no reciben comida de bebé traída por su madre. Por su cuenta, las crías pronto huyen del nido. Trepan a los árboles en busca de seguridad y alimento. Las primeras comidas incluyen saltamontes, escarabajos y otros insectos que se arrastran por las ramas de los árboles. Más tarde, cuando crecen un poco, añaden a su dieta salamanquesas y otros pequeños lagartos. Los huevos de pájaro también son un sabroso manjar. Por seguridad, se quedan en las copas de los árboles. Los dragones adultos son demasiado pesados para trepar. Si pudieran, incluso sus propias madres podrían atrapar y comerse a sus crías.

LAS CRÍAS KOMODO DRAGONES
se valen por sí mismas desde el momento en que escapan de su caparazón.

1 AÑO

- Hace raros viajes al suelo en busca de más comida
- La dieta se amplía para incluir serpientes, huevos de gallina y pequeños mamíferos terrestres como ratas.

11

PRIMER PLANO
Lengua bífida

El agudo sentido del olfato del dragón de Komodo procede principalmente de su larga lengua bífida. La lengua y un órgano especial situado en el paladar del dragón captan partículas de olor en el aire. Los dragones pueden incluso olfatear carroña a varios kilómetros de distancia.

CAPÍTULO DOS
PRIMERAS AVENTURAS

¡Es hora de arriesgarse! Alrededor de los dos años, los dragones de Komodo han dejado atrás su etapa de cría. Comienzan a aventurarse fuera de los árboles. Los insectos ya no les proporcionan suficiente alimento. Necesitan carne de verdad, como roedores y otros mamíferos pequeños. Ahora que son más grandes, los de su propia especie son los únicos depredadores a los que deben temer.

Afortunadamente, incluso los dragones de Komodo jóvenes tienen herramientas para ayudarles. Sus largas lenguas bífidas les informan de los olores en el aire, incluso a grandes distancias. Eso significa que están muy atentos a los olores que les rodean. El olor de otros dragones les dice que sean cautelosos. Esa lengua también les avisa de dónde pueden encontrar presas cuando les entra el hambre.

Con sus patas arqueadas, el cuerpo del dragón de Komodo se balancea ligeramente de un lado a otro mientras camina. Su poderosa cola se mueve hacia adelante y hacia atrás para mantener el equilibrio. Todo esto le da un

② AÑOS
- Comienza a experimentar con la vida en el suelo
- Se separa y se vuelve más territorial
- Ya no es tan pequeño como para trepar a los árboles

④ AÑOS
- Comienza a vivir a tiempo completo en el suelo

PRIMER PLANO
Dientes

Los 60 afilados dientes del dragón de Komodo son armas mortales. Algunos de estos dientes pueden medir hasta 2,5 cm (1 pulgada) de largo. Los dragones pierden dientes con frecuencia debido a su feroz comportamiento de caza y lucha. Sin embargo, éstos son reemplazados constantemente a lo largo de la vida del reptil.

FAMILIA ———— DESTACADA

Salir de los árboles

Cuanto más crecen los dragones de Komodo, más independientes se vuelven. Los árboles los mantenían a salvo cuando eran jóvenes. Compartir la vida con sus hermanos no era un problema. Pero ahora están creciendo. Necesitan más comida. Necesitan más espacio. Quieren establecer su propio territorio. La única manera de lograr todo esto es viviendo en el suelo. Nadie les ha enseñado nada hasta ahora. Lo han aprendido todo por su cuenta. Esto tendrá que continuar abajo. Es hora de abandonar la vida en los árboles.

aspecto voluminoso y torpe. Pero puede moverse rápido cuando sea necesario. Los dragones de Komodo han alcanzado velocidades de hasta 21 kilómetros (13 millas) por hora.

La velocidad es algo bueno cuando se persigue una comida. Y la caza es algo natural. Pero los jóvenes dragones de Komodo necesitan otras tácticas para evitar convertirse ellos mismos en comida de dragón. Por suerte, tienen una manera difícil -y maloliente- de mantener la atención lejos de sí mismos. Para ahuyentar a los dragones más grandes o más viejos, los jóvenes se revuelcan en la materia fecal, o caca. Los viejos siempre evitan ese olor desagradable.

5 AÑOS

- Peso: 25 kg (55 libras)
- Longitud: 2 m (6,5 pies)

PRIMER PLANO
Veneno

Cuando un dragón de Komodo desgarra la carne de su víctima, un veneno mortal, o veneno, brota de entre sus dientes. El veneno actúa rápidamente. La pérdida de sangre hace que la presión arterial de la presa caiga. Entonces entra en shock, demasiado débil para escapar.

FAMILIA ⬤ DESTACADA

Pruébalo

Probar la vida en el suelo es inevitable. Pero a la hora de comer, hay algo que los jóvenes dragones de Komodo *no* quieren probar. Eso es llegar primero a la mesa. El apareamiento no es la única razón por la que los dragones se juntan. A menudo se reúnen en grupos cuando hay una gran presa para compartir. En estas situaciones, la dinámica de grupo se basa en el tamaño. Los dragones más grandes y dominantes van primero, arrancando enormes trozos de la carne de su víctima. Los dragones más jóvenes y pequeños deben esperar su turno. Si no lo hacen, pueden convertirse en parte de la comida.

Sus patas arqueadas les hacen parecer lentos y torpes, pero los **DRAGONES DE KOMODO** pueden correr más que la mayoría de los humanos.

(7) AÑOS

▸ Las hembras alcanzan su tamaño completo
▸ Los machos pueden seguir creciendo durante muchos años más.

PRIMER PLANO
Garras

Garras afiladas y curvadas adornan cada una de las cuatro patas del dragón de Komodo. Estas garras no sólo son útiles como armas para capturar presas. También son útiles para cavar nidos. Y los dragones jóvenes las necesitan para escapar a los árboles.

CAPÍTULO TRES
LECCIONES DE LA VIDA

Es casi imposible diferenciar físicamente un dragón de Komodo macho de una hembra. Pero por lo que saben al respecto, los científicos están descubriendo un triste hecho. Los dragones macho parecen vivir mucho más que las hembras. En la naturaleza, la vida de un macho puede llegar a los 50 o 60 años. Pero las hembras parecen vivir sólo unos 32 años. Los investigadores creen que esto se debe probablemente a todas las "tareas domésticas" que realiza la hembra. Necesita mucha energía para crecer y producir huevos. Un mes o más de construcción del nido cada año también pasa factura. Los meses que pasa guardando el nido consumen más energía.

Las hembras alcanzan la madurez sexual a los ocho o nueve años. Es entonces cuando empiezan a construir nidos. Es posible que los machos alcancen la madurez al mismo tiempo. Pero los investigadores

8-9 AÑOS

- Aparea por primera vez

no lo saben con certeza. Los machos jóvenes son, por supuesto, más pequeños y débiles que los mayores. Los dragones macho a menudo luchan ferozmente por las hembras. Así que incluso si los más jóvenes están listos para aparearse, se contienen. Saben que son batallas que no pueden ganar.

Los dragones jóvenes también aprenden a ser cautelosos en las comidas en grupo. Estos eventos son sangrientos y asquerosos. Los dragones no pueden masticar. Tragan la carne de sus víctimas en trozos enteros. Se comen casi todas las partes de su presa. Esto incluye cuernos, pezuñas, piel, huesos y pelo. Más tarde, vomitan estas partes indigestas. El estómago y los intestinos de la víctima son lo único que los dragones no comen.

A menudo, se producen luchas encarnizadas entre dragones del mismo tamaño que compiten por ser el primero en comer. El perdedor puede no sólo perder la cena. Si no retrocede lo bastante rápido, puede perder

FAMILIA DESTACADA

Así se hace

Los jóvenes dragones de Komodo tienen otras formas de evitar a sus hambrientos mayores. Como los dragones no comen intestinos, el órgano actúa como una zona de seguridad. Los adolescentes se esconden entre las entrañas. Descansan tranquilamente en la baba, pasando desapercibidos mientras los demás se alimentan. Otra táctica útil los hace más perceptibles. Para mantener a los mayores tranquilos, los dragones jóvenes realizan movimientos exagerados mientras caminan alrededor del círculo de alimentación. Sus colas sobresalen detrás de ellos. Sus cuerpos se sacuden bruscamente de lado a lado mientras se mueven. Esto demuestra que no quieren hacer daño.

PRIMER PLANO
Cola

La gruesa y poderosa cola del dragón de Komodo almacena reservas de grasa. También puede derribar a un enemigo de un solo golpe. La cola ayuda al animal a mantenerse en pie en combate y a mantener el equilibrio cuando corre. También le sirve de remo al nadar.

32 AÑOS

▸ Fin de vida medio de las hembras en libertad

la vida. En medio de toda esta violencia, la práctica de cubrirse de caca resulta especialmente útil para los más jóvenes. Les ayuda a pasar desapercibidos entre la multitud. Debido a su olor, los dragones más grandes no se les acercan. Si las crías siguen vivas, comerán más tarde.

En esto y en todo lo demás, estos jóvenes reptiles son totalmente autodidactas. El conocimiento de cómo luchar, cazar presas y mantenerse a salvo de dragones más grandes viene de forma natural. Con un poco de suerte, estas habilidades mantendrán vivo a un joven dragón de Komodo durante mucho tiempo.

PRIMER PLANO

Escamas

La cota de malla es un tipo de armadura que protegía a los caballeros de antaño en la batalla. La piel del dragón de Komodo está formada por escamas llenas de pequeños huesos. Estas escamas confieren a la piel su cualidad protectora, igual que la cota de malla a los caballeros.

―――― FAMILIA DESTACADA ――――

La práctica hace al maestro

Los jóvenes dragones de Komodo tienen un instinto de caza innato. Se esconden en la hierba. Sus largas lenguas bífidas entran y salen, detectando el olor de la presa. Si la horquilla izquierda recibe más estímulos sensoriales, significa que la presa está en algún lugar a la izquierda. Lo mismo ocurre con la horquilla derecha. Cuando se acerca un jabalí u otra presa, estos jóvenes depredadores se mueven con sigilo y luego arremeten. La presa desprevenida cae. Las garras mortales de un dragón y su mordedura salvaje y venenosa significan la muerte. Si la víctima escapa, no hay problema. Los dragones de Komodo rastrean al animal por el olor mientras éste agoniza por el veneno y la pérdida de sangre.

En sus brutales batallas
PARA EL APAREAMIENTO Y COMIDAS,
dragones de Komodo machos se sostienen sobre sus patas traseras y utilizan sus colas para apoyarse.

60 AÑOS
▸ Fin de vida medio de los machos en libertad

CAPÍTULO CUATRO
EL REGRESO DE KOMODO

Fuera de los zoológicos, unas pocas islas indonesias son el único hogar de los dragones de Komodo. Pero no siempre vivieron allí. Estudios recientes han revelado algo sorprendente. Es probable que estos lagartos gigantes empezaran a vivir en Australia hace millones de años. Los registros fósiles lo confirman. Después, hace unos 900.000 años, estos antepasados del dragón actual desaparecieron de Australia. De alguna manera aterrizaron en Indonesia.

La ciencia también ha determinado que hace millones de años el dragón de Komodo era sólo una de varias especies de reptiles realmente gigantes. Pero hoy en día, el dragón es la última especie gigante que sobrevive. Es la única que no es **extinta**.

Los **conservacionistas** de todo el mundo trabajan para que siga siendo así. Pero los dragones de Komodo se enfrentan a muchas amenazas. El hombre es uno de ellos. El hábitat del dragón es extremadamente pequeño, por lo que necesitan cada centímetro de él. No pueden ir a ningún otro sitio. Sin embargo, los humanos se están apoderando rápidamente de él. La tala de árboles, la agricultura y la construcción de viviendas han reducido el territorio de los animales. El turismo también está haciendo estragos. Otras personas **cazan furtivamente** las presas que los dragones necesitan para sobrevivir, como los ciervos. El comercio ilegal de animales exóticos también se lleva dragones. La naturaleza plantea otras amenazas en forma de tsunamis, terremotos, volcanes y aumento del nivel del mar.

La Unión Internacional para la Conservación de la Naturaleza (UICN) es una organización mundial que vigila las especies amenazadas. En su "lista roja", los dragones están en peligro de extinción. Están en problemas, pero todavía no muy graves. En 2024, sólo quedaban unos 3.400 dragones de Komodo en libertad. Pero son buenas noticias. En 2019, el recuento era inferior a 2.000.

Una gran razón de este éxito son los esfuerzos del Parque Nacional de Komodo, creado en 1980. Sus dedicados trabajadores se centran en preservar el hábitat y las presas de los dragones. También educan a la población y han promulgado leyes contra la caza furtiva. Se aseguran de que la población local comprenda y apoye la labor de protección de su especie de reptil autóctono. La organización sin ánimo de lucro Komodo Survival Program (KSP) es otra de las comprometidas en Indonesia.

En todo el mundo hay otras iniciativas para salvar al dragón. El zoo de Nashville, que alberga el mayor hábitat de dragones de Komodo de América, colabora estrechamente con el KSP. Los estudios científicos también están revelando nueva información interesante. Algunos investigadores se centran en la genética del dragón de Komodo. Otro estudio descubrió que los dientes del dragón se parecen a los del extinto dinosaurio terópodo. Todos estos esfuerzos son importantes. Todos los que prestan atención a la supervivencia del dragón de Komodo están ayudando. Significa que estas magníficas y feroces criaturas no sólo sobrevivirán. Prosperarán.

INSTANTÁNEAS

Los occidentales no supieron nada de los dragones de Komodo hasta 1910. Eran una especie con la que los europeos nunca se habían topado, a los que primero llamaron "cocodrilos terrestres".

El mayor dragón de Komodo jamás medido medía 3,1 m (10,3 pies) de largo. Pesaba 166 kg (366 libras).

En las islas donde viven, los dragones de Komodo son casi los únicos carnívoros, y los más grandes. Su única amenaza real son otros dragones.

Los dragones de Komodo acechan a animales mucho más grandes que ellos. Pero las crías de dragón representan alrededor del 10 por ciento de la dieta del dragón adulto.

Incluso un gran ciervo de 90 kg (198 libras) no tiene ninguna oportunidad contra un dragón de Komodo de menor tamaño, 40 kg (88 libras).

Los dragones de Komodo pueden consumir hasta el 80 por ciento de su peso corporal de una sola vez.

Los dragones de Komodo tardan varias semanas en digerir una comida copiosa. Así que pueden comer tan sólo 12 veces al año.

Los dragones de Komodo emiten pocos sonidos. Sisean, normalmente cuando se alimentan, se aparean o son atacados.

Cuando preparan sus nidos, las hembras cavan múltiples agujeros para engañar a los animales que comen huevos. Estos agujeros pueden tener una profundidad de hasta 2 m (6,5 pies).

En lugar de cavar sus propios nidos, las hembras de dragón de Komodo a menudo se apoderan de los nidos abandonados en el suelo de algunas aves.

Aunque es raro, las hembras de dragón de Komodo a veces ponen huevos fertilizados sin haberse apareado. Las crías resultantes son siempre machos.

PALABRAS para saber

carnívoro mamífero que come carne

cazar furtivamente
 capturar o matar animales ilegalmente con fines lucrativos

conservacionista
 alguien que trabaja para proteger y preservar los animales y el medio ambiente

depredador ápice
 un animal en la cima de la cadena alimentaria; un animal que caza y que no suele ser cazado por otros animales

ectotérmico de sangre fría, o incapaz de controlar su propia temperatura corporal

emboscar atacar por sorpresa desde un lugar oculto

especie grupo de seres vivos que comparten características y son capaces de reproducirse entre sí

extinto ya no existe

instintivamente resultado de un conocimiento o entendimiento innato o natural

Visita

ABQ BIOPARK

Da un paseo al aire libre con la dragona de Komodo Indah y su cuidador.
903 10th Street S.W.
Albuquerque, NM 87102

KOMODO NATIONAL PARK

Acércate a los dragones de Komodo en su hábitat isleño natural.
Nusa Tenggara Oriental
Indonesia

NASHVILLE ZOO

Contempla a Lil Sebastian, el mayor dragón de Komodo del zoo, en la mayor exhibición de Komodo de América.
3777 Nolensville Pike
Nashville, TN 37211

SMITHSONIAN'S NATIONAL ZOO

Conoce a los dragones de Komodo macho Murphy y Onyx en el Reptile Discovery Center.
3001 Connecticut Avenue N.W.
Washington, D.C. 20008

ÍNDICE

alimentación, 10, 16, 20, 22, 29
amenazas, 13, 16, 25-26, 28
autoconservación, 15, 16, 20, 22
colas, 13, 20, 21, 23
coloración, 7, 8
dientes, 8, 14, 16, 26
dieta, 8, 9, 10, 11, 13, 20, 26, 28
escamas, 22
esperanza de vida, 19, 21, 23

hábitat, 4, 7, 9, 25, 26
huevos, 4, 7, 8, 9, 11, 19, 29
investigación, 19, 25, 26
lenguas, 12, 13, 22
lucha, 14, 20, 21, 22, 23
nidos, 8, 9, 10, 18, 19, 29
reptiles, 4, 7, 9, 22, 25, 26
tamaño, 4, 7, 8, 9, 13, 14, 15, 17, 28
veneno, 7, 16, 22